Oleksandr Novykov

Cooperação entre Universidades e Empresas Industriais

AF558798

Oleksandr Novykov

Cooperação entre Universidades e Empresas Industriais

ScienciaScripts

Imprint
Any brand names and product names mentioned in this book are subject to trademark, brand or patent protection and are trademarks or registered trademarks of their respective holders. The use of brand names, product names, common names, trade names, product descriptions etc. even without a particular marking in this work is in no way to be construed to mean that such names may be regarded as unrestricted in respect of trademark and brand protection legislation and could thus be used by anyone.

Cover image: www.ingimage.com

This book is a translation from the original published under ISBN 978-3-330-34730-4.

Publisher:
Sciencia Scripts
is a trademark of
Dodo Books Indian Ocean Ltd. and OmniScriptum S.R.L publishing group

120 High Road, East Finchley, London, N2 9ED, United Kingdom
Str. Armeneasca 28/1, office 1, Chisinau MD-2012, Republic of Moldova, Europe
Printed at: see last page
ISBN: 978-620-7-88293-9

Copyright © Oleksandr Novykov
Copyright © 2024 Dodo Books Indian Ocean Ltd. and OmniScriptum S.R.L publishing group

O.V. Novykov

Designer Geral Adjunto de Yuzhnoye SDO,

Investigação e formação

Cooperação entre Universidades e Empresas Industriais no âmbito dos Projectos Internacionais TEMPUS

Comunicação na reunião de coordenação do projeto da União Europeia TEMPUS

Londres - Oxford

Resumo

A construção de um sistema eficaz de formação de pessoal científico e de engenharia é de grande importância para o desenvolvimento da indústria de foguetões espaciais da Ucrânia e para a implementação bem sucedida de projectos espaciais avançados. O documento analisa os problemas existentes na formação de pessoal para a indústria de foguetões espaciais da Ucrânia e o caminho a seguir. Em particular, são analisados a experiência e os resultados da cooperação entre empresas industriais e universidades na formação de especialistas para a indústria de foguetões de acordo com o esquema de educação espacial contínua. Estão a ser analisadas as capacidades de melhoria da educação aeroespacial na cooperação internacional entre empresas industriais e universidades no âmbito de projectos ao abrigo do programa TEMPUS da União Europeia. O desenvolvimento da cooperação entre empresas industriais e universidades contribui para melhorar a qualidade da formação do pessoal e o elevado nível científico e técnico do desenvolvimento da tecnologia de foguetões espaciais.

Gabinete Estatal de Design de Yuzhnoye

Michael Yangel ChefeDesigner M.K. Yangel Estátua

1. Yuzhnoye SDO - Principais avanços e linhas de atividade

A Yuzhnoye SDO é uma das principais organizações de foguetões espaciais da Ucrânia e uma das empresas de desenvolvimento de foguetões espaciais n.º 1 do mundo. Foi fundada em 1954 e o seu fundador e primeiro projetista-chefe é o académico Michael Yangel. Em mais de 60 anos de atividade criativa, a equipa da Yuzhnoye, juntamente com a fábrica de construção de máquinas Yuzhny e a cooperação entre empresas, desenvolveu, fabricou e colocou em serviço quatro gerações de sistemas de mísseis estratégicos de combate que constituem a base do escudo de mísseis nucleares da União Soviética, 10 tipos de veículos de lançamento, mais de 40 tipos de motores de propulsão líquida e sistemas de propulsão e mais de 70 tipos de motores de foguete de propulsão sólida. Durante este período, foram efectuados mais de 2000 lançamentos de foguetões e veículos de lançamento, e mais de 400 naves espaciais científicas, militares e comerciais internas foram colocadas em órbitas calculadas. O segmento de foguetão do lançador lunar (Bloco E) foi desenvolvido e testado (Fig. 1, 2).

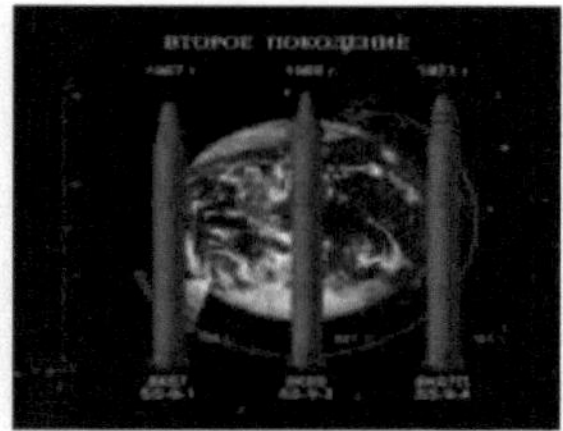

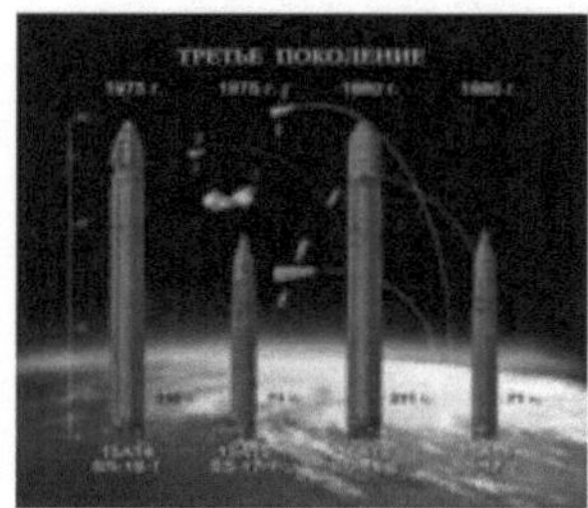

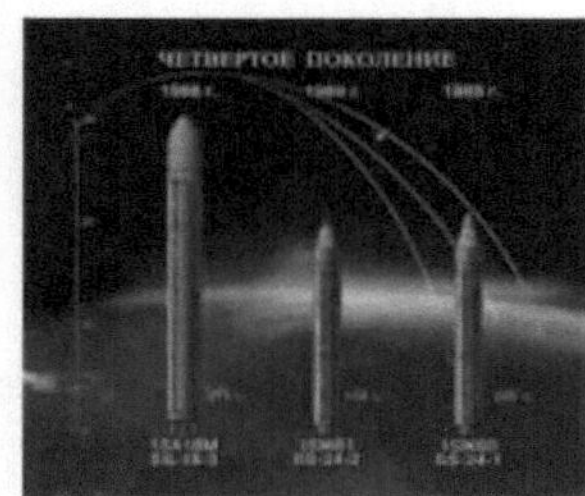

Figura 1 - Quatro gerações de mísseis de combate

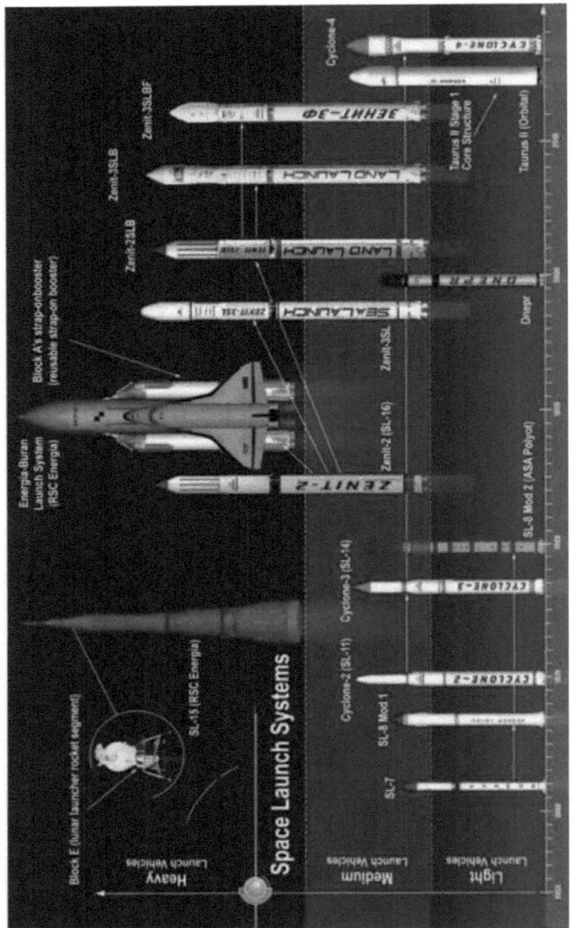

Figura 2 - Família de veículos de lançamento espacial

No período de formação da independência da Ucrânia, a Yuzhnoye SDO, com base no potencial científico e técnico estabelecido, entrou no mercado mundial de serviços espaciais e agora participa ativamente na implementação de grandes projectos espaciais internacionais, como o Sea Launch, Land Launch, Dnepr, Cyclone-4 EgyptSat, Vega, Antares, etc., e em conjunto com empresas líderes nos EUA, Rússia, Noruega, Brasil, Itália, Egipto, desenvolve a cooperação nos programas espaciais avançados com os países europeus, da América do Sul, EUA, Japão, China e outros países (Fig. 3-11).

Figura 3 - Lançamento ao mar

Figura 4 - Navio de reunião e comando do *comandante do lançamento no mar*

Figura 5 - Plataforma de lançamento *Odyssey*

Figura 6 - Lançamento de terrenos

Figura 7 - Dnepr LV

Figura 8 - Nave espacial EgyptSat

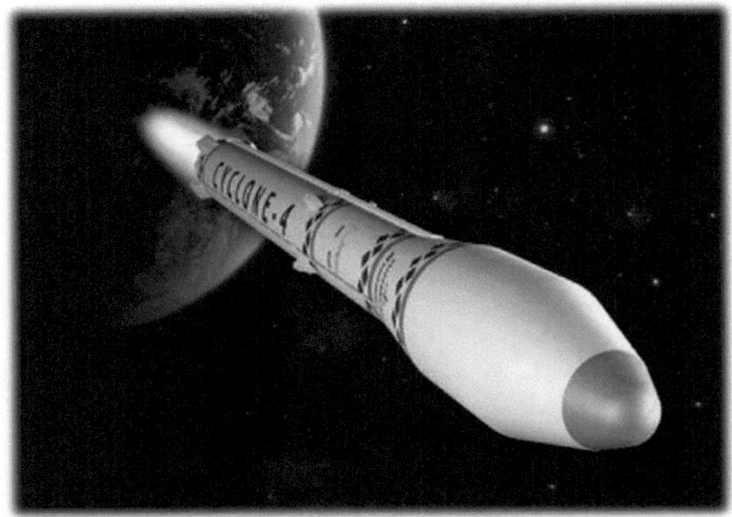

Figura 9 - Ciclone-4 LV

Figura 10 - Vega LV europeu com motor de fase IV desenvolvido pela Yuzhnoye

Figura 11 - Complexo de lançamento do Antares LV

Principais linhas de atividade de Yuzhnoye atualmente (Fig. 12):

- veículos de lançamento avançados;

- nova geração de veículos e sistemas espaciais;

- infra-estruturas do espaço terrestre;

- motores de foguetões líquidos e motores de foguetões sólidos;

- componentes do sistema de foguetões espaciais (accionamentos, equipamentos automáticos, etc.);

- armamento de foguetões newjet.

No âmbito da cooperação com a Academia Internacional de Astronáutica, o SDO de Yuzhnoye presta muita atenção à tomada de decisões sobre problemas humanos globais, tais como a eliminação do espaço, a proteção da Terra contra os asteróides, a remoção de detritos espaciais das órbitas próximas da Terra, o controlo operacional do espaço em caso de contingências causadas por catástrofes naturais ou provocadas pelo homem.

2. Apoio científico ao desenvolvimento

O sector dos foguetões espaciais é uma das indústrias de mais alta tecnologia, acumulando avanços em diferentes domínios da ciência. Durante toda a sua história, a Yuzhnoye SDO dá muita atenção à cooperação com a ciência académica e o ensino superior por boas razões:

- A criação de tecnologias complexas de foguetões espaciais é impossível sem especialistas altamente qualificados;
- o fluxo constante de novas ideias científicas, muitas vezes fantásticas, é necessário para a competitividade dos produtos finais.

Ao criar a Yuzhnoye SDO, como principal organização de foguetes espaciais, foram lançados os alicerces para o apoio científico do sistema aos desenvolvimentos da empresa por parte dos principais institutos académicos e industriais, bem como das principais universidades e da ciência militar. Na prática, todos os sistemas de foguetões espaciais da Yuzhnoye foram desenvolvidos com base no património científico e técnico avançado, formado como resultado do trabalho de investigação fundamental e aplicada em todas as linhas de atividade da empresa.

A cooperação do SDO de Yuzhnoye com a Academia de Ciências e as principais universidades foi muito eficaz e permitiu resolver uma série de problemas científicos e técnicos complicados, como a estanquidade do sistema de propulsão de foguetes de combustível líquido, o desenvolvimento de novos tipos de base e lançamento de mísseis (silo, vagão ferroviário, etc.),

Figura 12 - Principais linhas de atividade da Yuzhnoye SDO

resistência dos sistemas de foguetões ao efeito das armas nucleares, criação de várias gerações de novos modelos de foguetões espaciais não metálicos sem análogos. Foram encontradas soluções engenhosas e não convencionais que definem a configuração dos foguetões desenvolvidos por Yuzhnoye: ogivas múltiplas e orbitais, sistema de engodo para supressão do sistema de defesa antimíssil do inimigo, lançamento de foguetões pesados a partir de contentores, pressurização química do tanque de propulsão de foguetões de propulsão líquida e muitas outras coisas. A Escola de Foguetes de Dnepropetrovsk foi criada com base na cooperação da Yuzhnoye SDO com institutos académicos e universidades de renome. O desenvolvimento de um sistema eficaz de apoio científico ao desenvolvimento espacial através da investigação académica e universitária é, atualmente, um dos problemas importantes e urgentes para dar uma vantagem competitiva aos desenvolvimentos da Yuzhnoye no mercado mundial de serviços espaciais.

3. Yuzhnoye SDO e Universidades

Para dar uma vantagem competitiva aos desenvolvimentos internos, a Yuzhnoye SDO tentou envolver pessoas com talento profissional e sempre colocou muita ênfase na cooperação com universidades na formação de pessoal de engenharia e científico. A experiência mostra que a cooperação entre as universidades e as empresas industriais valoriza o potencial científico e técnico de ambas as partes, contribui para a melhoria da qualidade da formação do pessoal de engenharia e científico e para o elevado nível científico dos desenvolvimentos. As formas de cooperação da Yuzhnoye com as universidades mudaram em função das condições históricas e económicas da existência da empresa. A União Soviética tinha um sistema de apoio ao pessoal da indústria de foguetões espaciais que funcionava com sucesso no ambiente económico planeado pelo Estado. Em particular, aquando da criação do Centro de Foguetes de Dnepropetrovsk (incluindo a Yuzhnoye SDO e a Fábrica de Construção de Máquinas de Yuzhny), este foi dotado dos melhores representantes das principais instituições de ensino superior da URSS - licenciados do Instituto de Aviação de Moscovo, da Escola Técnica Superior Bauman de Moscovo, da Universidade de Moscovo, do Instituto Militar de Mecânica de Leninegrado, do Instituto de Aviação de Kharkov, do Instituto de Aviação de Kazan e de muitas outras instituições de ensino superior (Figura 13).

Simultaneamente, no início da década de 50, foi criado o Departamento de Física e Técnica, integrado na Universidade de Dnepropetrovsk, com o objetivo de formar engenheiros e cientistas in situ para a indústria de foguetões. O fluxo constante de recém-chegados de diferentes escolas científicas, em combinação com o sistema estatal de apoio ao desenvolvimento científico, assegurou o elevado nível científico dos foguetões espaciais desenvolvidos por Yuzhnoye. Os problemas colocados por Yuzhnoye exigiam a formação de um grande número de especialistas qualificados num curto espaço de tempo. No âmbito do sistema estatal existente, o SDO de Yuzhnoye propôs os seus próprios mecanismos de cooperação com as universidades para efetuar eficazmente o processo de formação de especialistas. Em particular, a cooperação de muitos anos entre a Yuzhnoye SDO, a Fábrica de Construção de Máquinas de Yuzhny e a Universidade Nacional de Dnepropetrovsk é um bom exemplo de colaboração criativa entre ciência/indústria/educação, quando cientistas e especialistas da indústria tomam parte ativa na formação institucional, e professores e estudantes na solução dos problemas científicos e técnicos urgentes colocados pelas empresas. A formação institucional no Departamento de Física e Técnica da Universidade de Dnepropetrovsk, desde a sua criação, esteve estreitamente relacionada com a atividade científica e de produção de Yuzhnoye e Yuzhmash, como se segue:

- foram organizados cursos especiais na universidade por gestores da indústria e especialistas de renome, muitos dos quais foram contratados como professores e professores associados da DNU;

- Os estudantes efectuaram todos os tipos de formação prática e muitos trabalhos de laboratório nas oficinas do DO e das fábricas, utilizando equipamento moderno;
- Os temas dos trabalhos de fim de curso e dos projectos de licenciatura foram retirados dos trabalhos de investigação específicos das empresas e os seus resultados foram introduzidos na produção;
- A DO e a fábrica prestaram assistência à universidade na criação das suas próprias instalações laboratoriais.

O sistema integrado de formação de especialistas acima referido permitiu combinar racionalmente o ensino técnico universitário com a investigação e a produção sectoriais, para melhorar consideravelmente a qualidade da formação em engenharia. O resultado foi espetacular: mais de 20 mil especialistas foram formados na Universidade de Dnepropetrovsk. Muitos deles ocuparam postos-chave na indústria de foguetões.

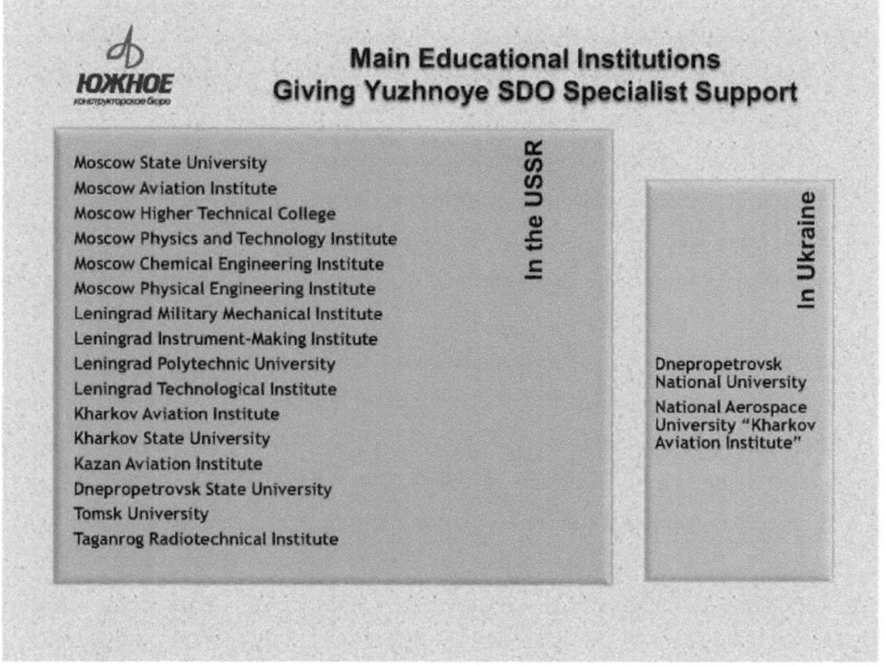

Figura 13

4. Problemas de formação de pessoal na Ucrânia

A nível da Ucrânia independente, o leque de instituições de ensino, que dão apoio em termos de pessoal à indústria de foguetões espaciais, reduziu-se drasticamente. As principais instituições de ensino incluem a Universidade Nacional de Dnepropetrovsk (DNU), a Universidade Nacional Aeroespacial, o "Instituto de Aviação de Kharkov" (NASU "KhAI"), a Universidade Tecnológica Nacional da Ucrânia e a "Universidade Politécnica de Kiev" (UNTU "KPU"). O principal apoio em termos de pessoal ao SDO de Yuzhnoye é prestado pela DNU e pela NASU "KhAI" (Fig. 13). Os principais problemas relativos ao apoio de pessoal científico e de engenharia à indústria de foguetões espaciais são os seguintes

- envelhecimento do pessoal das empresas, redução do estrato de especialistas na faixa etária dos 30-45 anos, o que resulta numa solução de continuidade intergeracional, enfraquecimento ou perda de escolas científicas estabelecidas há décadas;
- Hoje em dia, os jovens não consideram o trabalho de cientista ou engenheiro como prestigiante, o que dificulta consideravelmente o envolvimento e a manutenção de potenciais jovens especialistas na empresa;
- redução do nível de aprendizagem nas escolas e colégios, o que dificulta consideravelmente a formação especializada nos estabelecimentos de ensino superior para as empresas de alta tecnologia;
- participação insuficiente dos institutos de investigação e das empresas industriais na formação especializada;
- participação insuficiente do pessoal docente dos estabelecimentos de ensino superior, dos estudantes de pós-graduação e dos estudantes na resolução dos problemas científicos e técnicos actuais da empresa;
- A base jurídica e os mecanismos de colocação na empresa de jovens especialistas, que receberam formação à custa do orçamento do Estado, não existem na prática.

5. Sistema de Educação Espacial Contínua

A procura e a seleção de jovens esperançosos, capazes de implementar os projectos nacionais e internacionais avançados com base em novas ideias e lições aprendidas, é um dos problemas urgentes da manutenção do elevado potencial científico e técnico (estabelecido já na União Soviética) da indústria de foguetes espaciais da Ucrânia. Nas novas condições de desenvolvimento económico e social da Ucrânia, que é uma potência espacial, surgiu a necessidade de formação de um novo conceito para a solução do problema do pessoal profissional de engenheiros e cientistas espaciais, melhorando a eficiência do sistema de ensino de engenharia. A estratégia geral para a solução deste problema consiste em conjugar os esforços da escola secundária, da instituição de ensino superior e da empresa industrial para a procura precoce dos alunos mais aptos e o seu envolvimento no sistema de formação especializada para a indústria de foguetões espaciais, de acordo com o esquema de educação contínua: escola-HEI-empresa.

Os elementos do sistema:

- seleção e orientação profissional precoce das crianças em idade escolar;
- aplicação de diferentes formas de ensino presencial e à distância aos alunos em todas as regiões da Ucrânia;
- desenvolvimento de um programa a longo prazo para a participação dos jovens na investigação espacial;
- cooperação entre os estabelecimentos de ensino superior e a indústria no domínio da formação especializada;
- criação de mecanismos de participação dos empregadores no desenvolvimento da política educativa e reforço do seu papel na formação do pessoal.

É evidente que se trata de um problema de construção de um sistema de objectivos em campo verde. Tivemos que avançar passo a passo, generalizando a experiência acumulada. Para melhorar a formação em sala de aula dos alunos que pretendem entrar na DNU em especialidades de engenharia de foguetões espaciais, foi sugerida a ideia de criar complexos de investigação, produção e formação que incluíssem empresas de foguetões espaciais, academias (escolas, colégios) e a Universidade Nacional de Dnepropetrovsk. Nas academias foram formadas turmas físico-matemáticas com um estudo aprofundado da física e da matemática. Os alunos aptos, que tinham recebido formação nestas aulas, que tinham uma média elevada no diploma escolar e que tinham recebido das empresas a designação de estudantes da DNU, entraram na universidade em condições atractivas (com base nos resultados das entrevistas sem exames de admissão). Na verdade, tratava-se de uma iniciativa conjunta de orientação profissional e seleção de futuros especialistas para a indústria de foguetões espaciais, levada a cabo pela universidade, empresas e escolas. A Yuzhnoye SDO participou no cumprimento de todas as tarefas necessárias para a construção deste sistema, convencionalmente designado por sistema de educação espacial contínua: seleção de alunos para estudar na universidade, organização de aulas especializadas, trabalho educativo e metodológico sobre problemas de educação contínua, etc. Apesar de o sistema ter sido criado por iniciativa própria e ter um carácter regional, foi aprovado pelo Ministério da Educação e Ciência da Ucrânia. A organização do Centro Nacional de Educação de Jovens Aeroespaciais na Ucrânia (NCAYEU) em Dnepropetrovsk, em 1996, por ordem executiva presidencial da Ucrânia, tornou-se noutra fase de desenvolvimento do sistema de educação espacial contínua (Fig. 14). Com a criação do NCAYEU, o sistema de procura, seleção e assistência a jovens talentosos alcançou harmonia não só na região, mas também em toda a Ucrânia. Principais linhas de atividade do NCAYEU:

- realização prática da política estatal no domínio do ensino aeroespacial;
- criação de condições favoráveis à mentalidade juvenil, procura e apoio a jovens talentosos;
- formação de uma grande liga científica e técnica para garantir posições de liderança para a Ucrânia no domínio da aviação e da engenharia de foguetões espaciais.

A atividade do NCAYEU tem um carácter científico e metodológico, não substituindo o ensino secundário nem duplicando o trabalho das instituições de ensino superior. O seu objetivo é criar um sistema estatal de pesquisa e apoio a jovens talentosos, em conjunto com professores de escolas, docentes de instituições de ensino superior, cientistas e especialistas da indústria. O NCAYEU aplica diferentes formas de aprendizagem presencial e à distância para alunos e estudantes. Por exemplo, o Centro organiza nas escolas aulas de aeroespacial com uma forma de aprendizagem à distância, bem como aulas de aeroespacial, em que o ensino é efectuado aos fins-de-semana. Os alunos mais velhos adquirem conhecimentos especiais sobre a situação e as perspectivas de desenvolvimento da astronáutica, a estrutura e a evolução do Universo, e estudam os fundamentos do movimento de reação e da mecânica do voo espacial. É importante o facto de professores e assistentes de renome da DNU, bem como cientistas de renome e especialistas da indústria, conduzirem as aulas. A escola aeroespacial à distância, que abrange, na prática, todas as regiões da Ucrânia, ganhou em âmbito. Com base nos resultados anuais da aprendizagem, os melhores alunos são convidados para seminários e conferências da NCAYEU e defendem os seus trabalhos de investigação.

O NCAYEU tem as seguintes funções: círculos aeroespaciais com estudo aprofundado das tecnologias da informação e laboratório de simulação de foguetões espaciais. No NCAYEU são organizadas exposições de trabalhos técnicos criativos de jovens, vários concursos e realiza-se anualmente a Conferência Internacional de Jovens "Homem e Espaço". A atividade do NCAYEU é patrocinada pelos fundos do Programa Espacial Nacional da Ucrânia. O NCAYEU criou condições favoráveis para o crescimento educacional das crianças em idade escolar e para a sua orientação profissional precoce. Tornou-se um elemento-chave do sistema contínuo de educação espacial.

Figura 14- Centro Nacional de Formação de Jovens Aeroespaciais na Ucrânia

Ao mesmo tempo, a interação entre empresas industriais e instituições de ensino superior no domínio da formação especializada é de grande importância para a criação de um sistema de ensino espacial contínuo. O Programa Espacial Nacional da Ucrânia prevê a procura de novas formas de cooperação entre universidades e organismos industriais com o objetivo de:

- melhoria da qualidade da formação especializada para a indústria de foguetões espaciais;
- participação dos estudantes e dos professores universitários na investigação;
- desenvolvimento da cooperação empresas/universidades na conceção de grandes projectos;
- apoio científico e metódico inicial ao desenvolvimento de foguetões espaciais.

A Yuzhnoye SDO sempre utilizou o seu potencial científico para a formação de especialistas e o desenvolvimento da educação espacial. As formas de cooperação entre a Yuzhnoye e as universidades são continuamente alteradas e melhoradas em função das tarefas actuais. No final dos anos 90, o Centro de Investigação e Formação de Foguetões Espaciais (SRRTC) foi criado no SDO de Yuzhnoye para cooperação com universidades e institutos de investigação da Academia de Ciências da Ucrânia.

O SRRTC inclui uma série de departamentos da Universidade Nacional de Dnepropetrovk nas principais especialidades (*conceção e construção, construção de motores, sistema de controlo automático*) e o Departamento de *Tecnologias Emergentes* da Universidade Nacional Aeroespacial "Instituto de Aviação de Kharkov". As principais tarefas a serem resolvidas pela SRRTC incluem:

- organização e condução do processo educativo de formação especializada nos cursos superiores da DNU e da NASU "KhAI";
- formação de estudantes de pós-graduação;
- realização de investigação para resolver os problemas científicos urgentes com a participação de estudantes, estudantes de pós-graduação, professores de instituições de ensino superior;
- preparação e publicação de literatura sobre formação e metodologia, introdução de tecnologias de aprendizagem avançadas.

Os cientistas e especialistas da Yuzhnoye dão formação aos estudantes seniores da DNU e da NASU "KhAI" nos departamentos da SRRTC. Para além de uma boa formação académica, os professores da Yuzhnoye têm uma vasta experiência prática na conceção, construção e teste de desenvolvimento de tecnologias de foguetões espaciais, o que normalmente não acontece com os professores regulares das instituições de ensino superior. Como resultado, os estudantes estudam tecnologias avançadas e adaptam-se às condições das empresas. Contribui para o afluxo de jovens talentosos à indústria e aos centros de investigação, para a melhoria da qualidade do ensino da engenharia e para a manutenção de jovens especialistas na empresa. Principalmente devido ao trabalho da SRRTC, a Yuzhnoye SDO conseguiu ultrapassar os fenómenos de crise do pessoal da Yuzhnoye no final dos anos 90 e no início dos anos 2000 e renovar a empresa em grande medida. Atualmente, mais de um terço do pessoal da Yuzhnoye (mais de 1800 pessoas) são trabalhadores com idade até 35 anos, o que permite encarar o futuro com otimismo. No âmbito das secções departamentais, a preparação e publicação de monografias, manuais, material de formação e cursos de palestras nas principais linhas de atividade da empresa são organizados com base no SRRTC para melhorar a formação especializada, sistematizar e desenvolver a formação e as reservas metodológicas da Yuzhnoye. Os principais especialistas da empresa estão envolvidos na preparação de edições em áreas como a conceção e construção de complexos de foguetões, naves e sistemas espaciais, motores de foguetões, balística, aerodinâmica, resistência estrutural de foguetões, materiais aplicados e técnicas de fabrico de produtos, etc. Assim, a experiência de Yuzhnoye no desenvolvimento de foguetões espaciais reflecte-se nos materiais publicados. O desenvolvimento da cooperação universidades/empresas industriais devido ao efeito sinergético resulta no reforço do potencial científico e técnico de ambas as partes, contribui para a melhoria da qualidade da formação do pessoal de engenharia e científico, assegurando um elevado nível científico do desenvolvimento de foguetões espaciais. O diagrama de blocos para a cooperação Yuzhnoye/universidades no âmbito do sistema de educação espacial contínua é apresentado na Figura 15.

6. Yuzhnoye SDO no processo internacional de modernização do ensino aeroespacial

Cada vez mais países do mundo dão o seu contributo para o desenvolvimento da tecnologia espacial. São desenvolvidas novas abordagens para a conceção, construção, produção e ensaio de sistemas de foguetões espaciais com base nos avanços em diferentes domínios do conhecimento. Para manter a formação especializada de ponta para a indústria de foguetões espaciais é necessário prestar atenção contínua à melhoria do sistema de educação aeroespacial nas universidades: criação de novos departamentos, elaboração de novos programas educativos e de dispositivos metodológicos de formação, reequipamento dos laboratórios universitários com equipamento moderno, etc. Atualmente, a Ucrânia participa na implementação de grandes projectos espaciais internacionais, tais como Sea Launch, Land Launch, Dnepr, Cyclone-4, Vega, EgyptSat, Antares, etc., em cooperação com empresas líderes dos EUA, Itália, Noruega, Egipto, Brasil e muitos outros países. A transferência de tecnologia no âmbito de projectos internacionais exige, em regra, a organização de um processo de formação de especialistas estrangeiros.

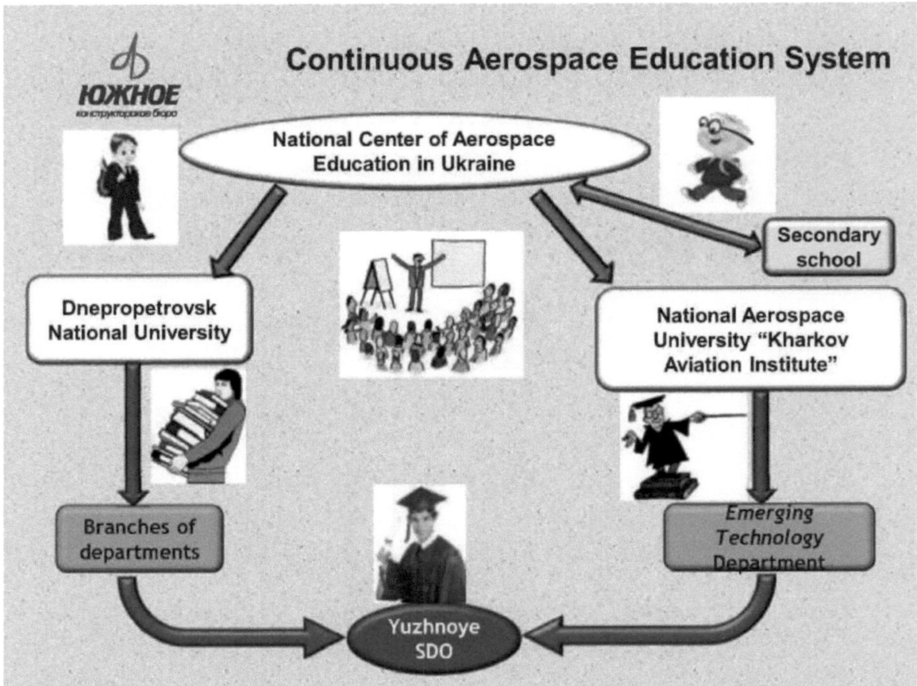

Figura 15

No âmbito do Centro de Investigação e Formação de Foguetões Espaciais de Yuzhnoye, são desenvolvidos programas de formação de especialistas estrangeiros e dispositivos metodológicos de formação, e são seleccionados professores, etc.

O trabalho em colaboração no âmbito de projectos internacionais impõe elevadas exigências à qualificação dos participantes no trabalho e requer a integração de várias profissões (engenheiro, gestor, etc.) numa só. Para o bom funcionamento de um participante num projeto internacional, são necessários os seguintes requisitos

- conhecimentos profissionais;
- falar uma língua estrangeira;
- elevados conhecimentos de tecnologias da informação;
- conhecimentos de controlo de projectos;
- conhecimentos de direito e de gestão aeroespacial.

O desenvolvimento da cooperação internacional entre as universidades e as empresas industriais para o intercâmbio da experiência adquirida, a modernização dos programas de formação, a formação de uma estratégia geral de formação e colocação profissional dos diplomados das instituições de ensino aeroespacial é uma das direcções importantes da melhoria da qualidade da formação especializada. A Yuzhnoye SDO coopera com as universidades europeias, russas e ucranianas no âmbito dos projectos educativos TEMPUS da União Europeia, nos quais participa como cliente e perito dos programas educativos desenvolvidos, e transmite às universidades a sua experiência em actividades científicas e inovadoras. Os últimos projectos TEMPUS, nos quais a Yuzhnoye participou, são apresentados na Figura 16.

A experiência e os resultados do trabalho colaborativo de institutos de investigação, organismos industriais e universidades de renome de diferentes países são, sem dúvida, de interesse no âmbito dos projectos TEMPUS.

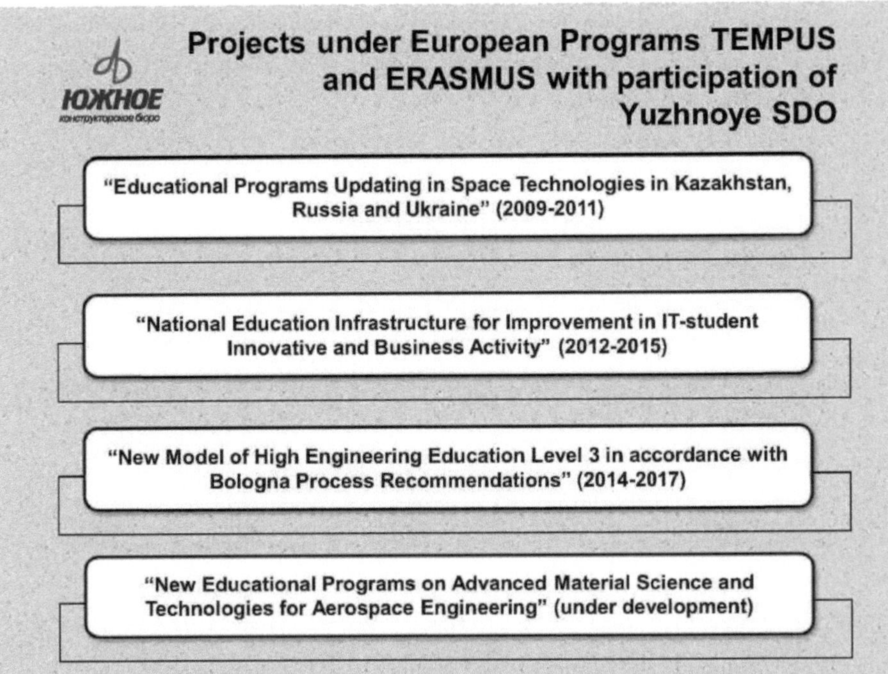

Figura 16

Projeto TEMPUS-CRIST "Atualização de Planos Educativos em Tecnologias Espaciais no Cazaquistão, Rússia e Ucrânia" (2009-2011).

O consórcio do projeto é constituído por 11 universidades e 13 organizações de 6 países (Fig. 17), incluindo

Europa

- Alemanha - Universidade Técnica de Berlim, Instituto de Aviação e Ciências Astronáuticas;
- Bélgica - Universidade "Lessius", Instituto de Engenharia e Eletrónica "De Nayer";
- Países Baixos - Universidade "Fontys", Instituto de Gestão e Negócios.

Rússia

- São Petersburgo - Universidade Técnica Estatal Báltica "Voenmech";
- Samara - Universidade Estatal Aeroespacial de Samara;
- Krasnoyarsk - Universidade Aeroespacial Siberiana.

Ucrânia

- Universidade Nacional de Dnepropetrovsk - Dnepropetrovsk;
- Kiev - Universidade Técnica Nacional da Ucrânia "Instituto Politécnico de Kiev";
- Kharkov - Universidade Nacional Aeroespacial "Instituto de Aviação de Kharkov".

Cazaquistão

- Astana - Universidade Nacional da Eurásia;
- Karaganda - Universidade Técnica Estatal de Karaganda.

As grandes empresas espaciais também se tornaram membros do consórcio, incluindo o Gabinete Estatal de Design Yuzhnoye (Ucrânia), o Centro Estatal Científico e de Produção de Foguetes Espaciais "TsSKB-Progress" (Rússia), etc., bem como a Sociedade Alemã de Aviação e Ciências Astronáuticas, o Ministério da Educação e Ciência e a Agência Espacial Nacional do Cazaquistão, a Agência Federal de Educação (Rússia), etc.

Todas as principais universidades da Ucrânia, que formam especialistas para a indústria de foguetões, tornaram-se membros do consórcio do projeto. O objetivo geral do projeto é o co-desenvolvimento e a introdução de novos programas modernizados de ensino superior em tecnologias espaciais com base na cooperação internacional:

- "Conceção e utilização de micro e nanossatélites espaciais";
- "Gestão da indústria aeroespacial".

O plano do projeto prevê:

- desenvolvimento de planos de ensino "Conceção de microssatélites", "Radiocomunicações para fins espaciais", "Gestão da atividade espacial", "Negócios e controlo internacionais";
- formação e introdução no processo de aprendizagem de novas aulas de informática para a conceção e construção de satélites, planeamento e análise de processos empresariais;
- criação e introdução no processo de aprendizagem de uma rede de pequenas estações terrestres de treino de monitorização por satélite;
- desenvolvimento de materiais de formação e de metodologia;
- organização da melhoria das competências dos professores e do pessoal de gestão;
- organização dos grupos de trabalho do projeto com a participação de jovens docentes, investigadores e estudantes.

No âmbito do projeto, foram visitadas a Universidade Técnica de Berlim (Alemanha) e o Instituto "De Nayer" (Bélgica), onde foram ministradas formações pedagógicas. As conferências do projeto tiveram lugar na Universidade Nacional de Dnepropetrovsk e Yuzhnoye SDO, na Universidade Técnica Báltica "Voenmech" (São Petersburgo), na Universidade Nacional Aeroespacial "KhAI" (Kharkov) (Fig.18). A cooperação entre as universidades e as empresas industriais no âmbito do projeto TEMPUS permitiu obter uma série de resultados positivos:

1. Novos programas educativos sobre a conceção de microssatélites (baseados nas tecnologias avançadas da Universidade de Berlim) e a gestão da indústria aeroespacial são introduzidos nas universidades da Ucrânia, da Rússia e do Cazaquistão.

2. São criados e equipados: novos laboratórios universitários de microssatélites e aulas de conceção para trabalhos de conceção e construção, bem como de planeamento e análise de processos empresariais.
3. Os participantes no projeto familiarizaram-se com as realizações de escolas científicas de renome da Europa, da Rússia e da Ucrânia no domínio da exploração espacial e trocaram experiências de formação.

Figura 17 - Consórcio do projeto. Países Participantes

4. Os jovens professores e estudantes melhoraram muito as suas qualificações após as acções de formação.

De um modo geral, permitiu a transferência para um novo nível de aprendizagem dos estudantes, formando para eles a motivação para o domínio de tecnologias espaciais avançadas (Fig. 19). O trabalho de equipa entre universidades e empresas industriais não resultou apenas no enriquecimento pessoal mútuo. Foram criadas abordagens gerais para o desenvolvimento do sistema de ensino aeroespacial e a sua unificação. Em particular, verificou-se que os problemas de criação de um sistema de ensino espacial contínuo, o reforço do papel das organizações científicas e das empresas industriais na formação de especialistas e na colocação profissional são urgentes não só para a Ucrânia, mas também para os outros países. O projeto TEMPUS produziu resultados. Foi formada uma cooperação de equipas de investigação capazes de resolver conjuntamente os problemas complicados da exploração espacial:

- desenvolvimento de pequenos veículos espaciais (por exemplo, satélites universitários) para a teledeteção da Terra, a navegação, etc;
- estabelecimento de uma rede de estações terrestres de receção e tratamento de dados, etc.

Esta cooperação deu origem a novas tarefas para o futuro. Uma das direcções realizadas é o desenvolvimento de satélites para estudantes e o seu lançamento em órbita por veículos de lançamento Yuzhnoye.

Projeto TEMPUS - NEFESIE "Infraestrutura Educativa Nacional para a Melhoria da Atividade Inovadora e Empresarial dos Estudantes de TI" (2012-2016). O consórcio do projeto é constituído por 9 universidades, bem como por outras organizações de 5 países (Fig. 23), incluindo:

Europa

- Suécia - Universidade de Linnaeus;
- Grã-Bretanha - Universidade de Oxford Brookes;
- Irlanda - Universidade da Cidade de Dublin;
- Portugal - Instituto Pedro Nunes.

Ucrânia

- Kharkov - Universidade Nacional de Eletrónica de Kharkov;
- Lvov - Universidade Nacional "Politécnica de Lvov";
- Odessa - Universidade Politécnica Nacional de Odessa;

No monumento a Pedro I
O reitor do SCTU "Voenmech" abre a reunião de coordenação do projeto

No Museu da Cosmonáutica
Figura 18- Participantes do projeto TEMPUS-CRIST na Universidade Técnica Estatal do Báltico "Voenmech", São Petersburgo, 2010

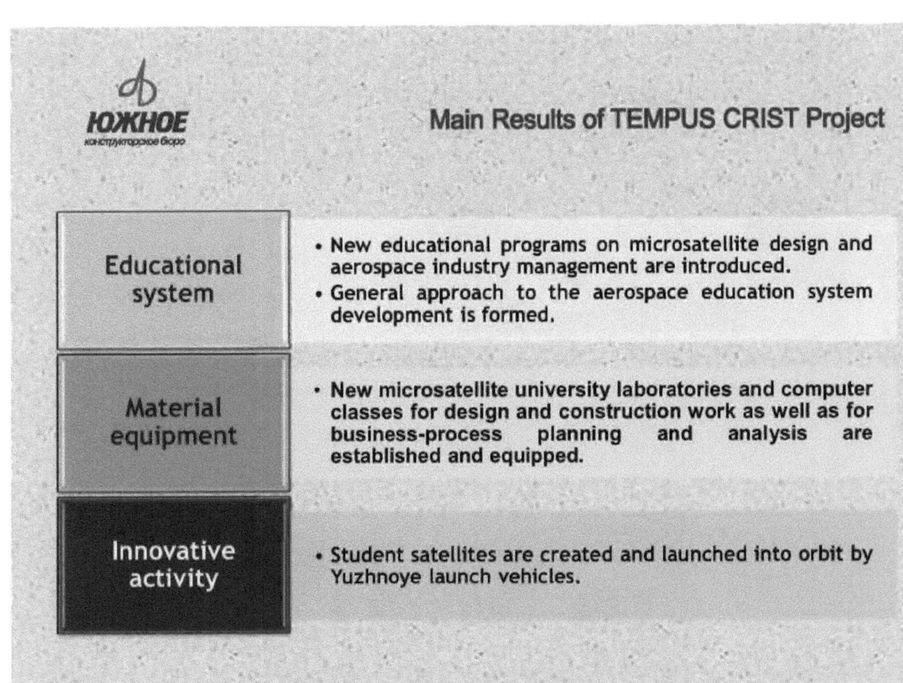

Figura 19

- Ivano-Frankovsk - Universidade Nacional de Petróleo e Gás de Ivano-Frankovsk;
- Vinnitsa - Universidade Técnica Nacional de Vinnitsa.

O consórcio do projeto incluiu empresas como a IKEA, SIGMA KUDOS (Suécia), Yuzhnoye SDO (Ucrânia), Ministério da Educação e Ciência da Ucrânia, etc. (Fig. 20). O projeto abrange a implementação da experiência europeia em matéria de arranjo e apoio estatal a condições favoráveis para o desenvolvimento de actividades inovadoras nas IES da Ucrânia, reforçando nas IES o seguinte triângulo: inovações-aprendizagem-ciência. O SDO de Yuzhnoye é um dos líderes das actividades inovadoras e científicas na Ucrânia, os seus desenvolvimentos na criação de veículos de lançamento, naves espaciais, motores de foguete de propulsão líquida e motores de foguete de propulsão sólida estão em conformidade com os elevados padrões da ciência e tecnologia de ponta. A tarefa da Yuzhnoye no projeto TEMPUS é transferir a sua experiência na implementação de projectos inovadores para as universidades e contribuir para o desenvolvimento de actividades inovadoras nas universidades. Atualmente, a tecnologia da informação é uma das direcções críticas do ensino da engenharia.

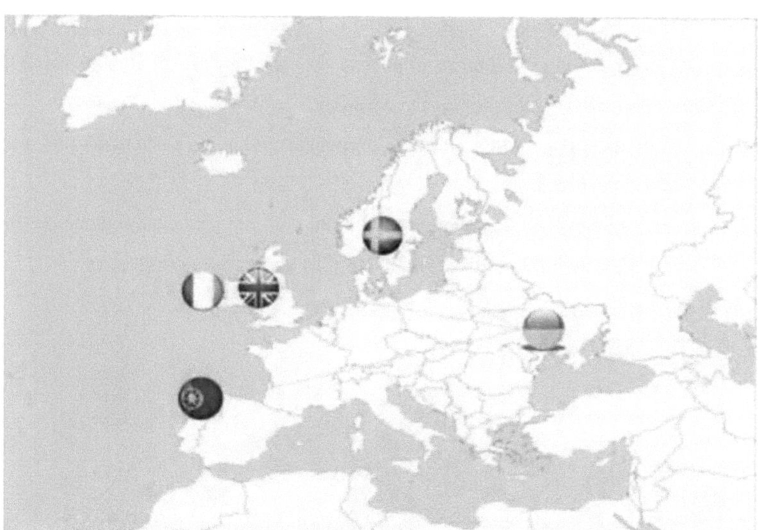

Figura 20 - Países participantes no projeto TEMPUS-NEFESIE

O desenvolvimento de um projeto espacial moderno é impossível sem tecnologias de informação de ponta. Após a seleção e definição das características principais do foguetão, a empresa

O sistema de cálculo é ativado. São efectuadas análises balísticas, aerodinâmicas, térmicas, de resistência e outras e, finalmente, é construído um modelo 3D do foguetão (Fig. 21, 22).

As tecnologias da informação são um domínio da ciência e da engenharia em rápido desenvolvimento, no qual os recém-chegados e os estudantes se podem afirmar. Para garantir um elevado nível de desenvolvimento interno, a Yuzhnoye SDO envolve o potencial científico e técnico das principais universidades da Ucrânia. Considerando que o sistema estatal pré-existente de apoio científico ao desenvolvimento de foguetões espaciais é praticamente inoperante até à data na Ucrânia, a Yuzhnoye SDO propôs e realiza na prática os seus esquemas de colaboração entre universidades e ciência académica.

O conceito fundamental é a consolidação de todas as componentes do potencial científico e técnico do país para resolver os problemas dos foguetões espaciais. Yuzhnoye SDO assumiu um papel integrador na organização conjunta de investigação com institutos de investigação e universidades, incluindo a coordenação entre ciência, educação e indústria, a formação de estratégia e linhas de investigação em condições de financiamento limitadas que anteriormente eram prerrogativa do governo. A Yuzhnoye SDO celebrou um acordo de base com o Ministério da Educação e Ciência da Ucrânia, com a participação de mais de 30 universidades de renome, para a investigação conjunta no domínio da criação de tecnologias de foguetões espaciais. No âmbito do acordo, são estabelecidos contactos estreitos entre os principais especialistas da empresa e cada universidade - parte do acordo, e são identificadas possíveis linhas de trabalho em colaboração.

Esquema geral de cooperação Yuzhnoye SDO/universidades:

- O SDO de Yuzhnoye elaborará uma lista de questões de atualidade sobre foguetões espaciais propostas para investigação conjunta;
- cada universidade pode apresentar uma proposta sobre a sua participação na resolução de problemas específicos;
- O SDO de Yuzhnoye e a universidade elaborarão um programa e um plano de trabalho em colaboração e concluirão um acordo bilateral de cooperação construtiva;

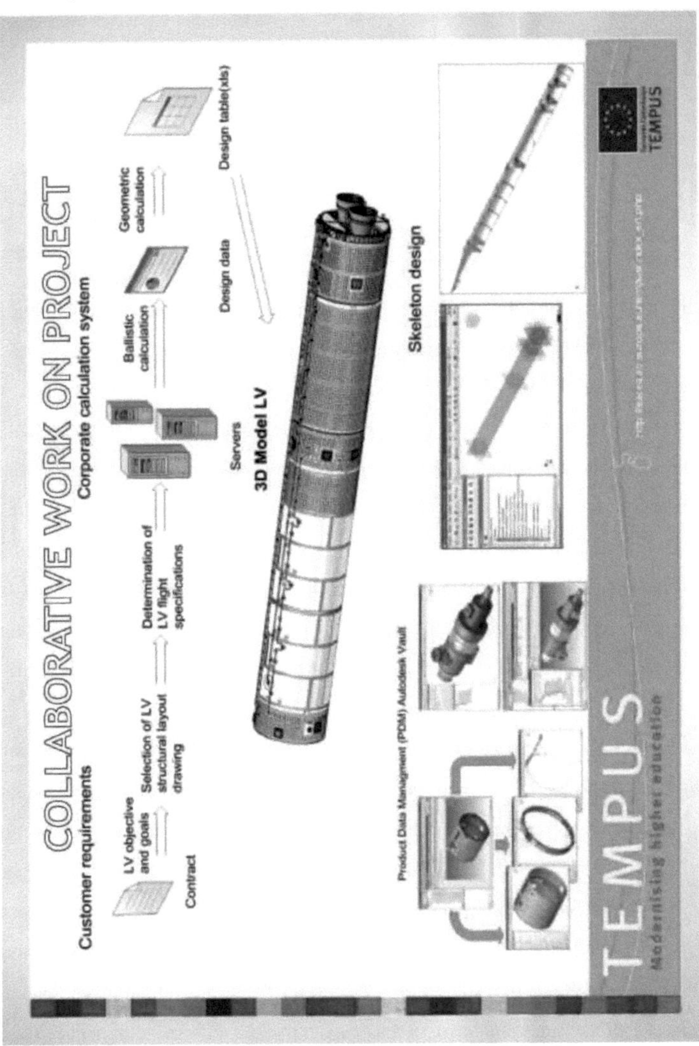

Figura 21

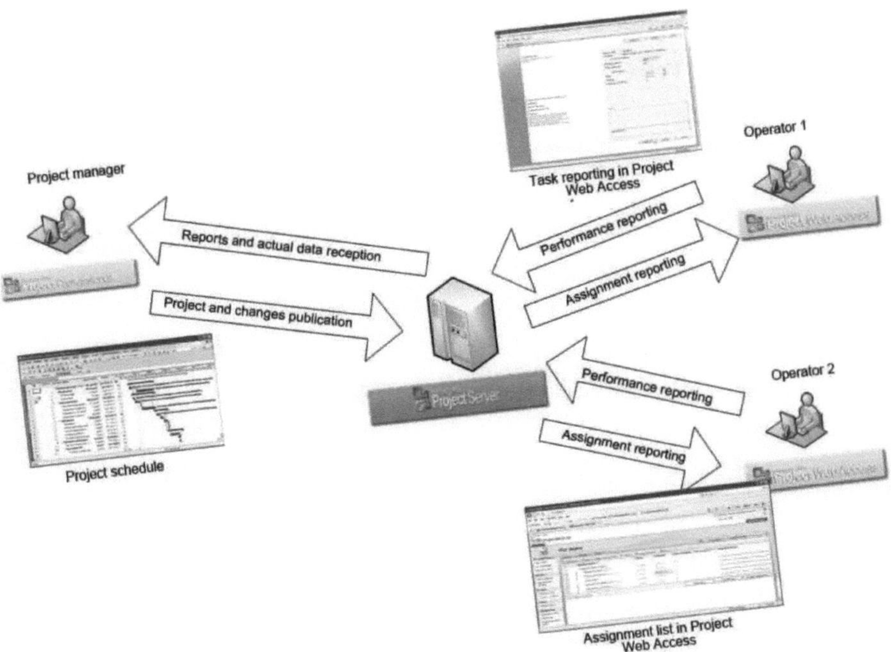

Figure 22 – Collaborative Work on Project

- se forem obtidos resultados positivos, a universidade pode ser incluída na cooperação dos promotores de projectos espaciais e é autorizada a aplicar na prática os resultados da sua investigação (Fig. 23). O esquema de cooperação proposto pode ser utilizado para o desenvolvimento de actividades inovadoras nas universidades. Os estudantes e professores universitários, que possuem informações sobre problemas científicos reais, podem propor os seus desenvolvimentos, formar uma proposta inovadora e, através de um acordo bilateral com a Yuzhnoye SDO, podem participar no projeto espacial (Fig. 24). No âmbito do projeto TEMPUS, os documentos sobre os projectos inovadores da Yuzhnoye são utilizados na redação dos materiais didácticos sobre negócios e inovações (Fig. 25).

Projeto TEMPUS - NETCENG "Novo Modelo de Terceiro Ciclo no Ensino de Engenharia de acordo com o processo de Bolonha" (2013-2017). O consórcio do projeto é constituído por 14 universidades, bem como por outras organizações de 6 países, incluindo:

Europa

- Alemanha - Universidade Técnica de Berlim;
- Grã-Bretanha - Universidade de Brunel;
- Lituânia - Universidade Técnica Gediminas Vilnius.

Bielorrússia

- Minsk - Universidade Estatal da Bielorrússia, Universidade Técnica Nacional da Bielorrússia;
- Polotsk - Universidade Estatal de Polotsk.

Ucrânia

- Kiev - Universidade Técnica Nacional da Ucrânia "Instituto Politécnico de Kiev", Universidade Nacional de Aviação;
- Cherkassy - Universidade Tecnológica Estatal de Cherkassy.

O principal objetivo do projeto é o desenvolvimento e a adaptação às condições nacionais de um modelo experimental de programa estruturado de doutoramento em engenharia e tecnologias aeroespaciais de acordo com as disposições do processo de Bolonha. O programa de formação do Doutoramento em Filosofia será gerado com base na cooperação internacional, considerando a melhor experiência europeia (Fig. 26).

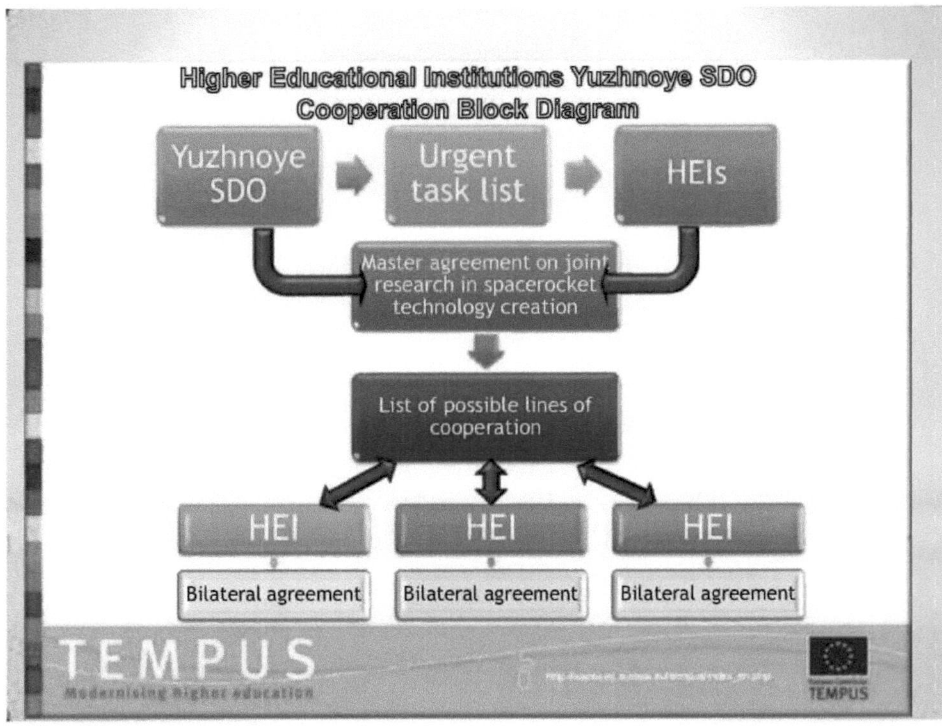

Figura 23

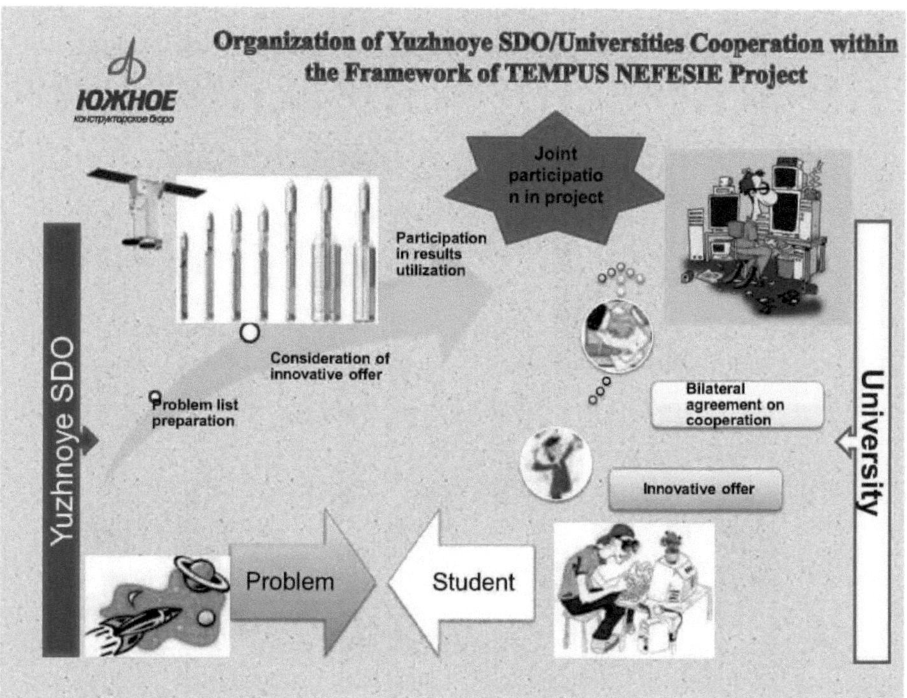

Organization of Yuzhnoye SDO/Universities Cooperation within the Framework of TEMPUS NEFESIE Project
ЮЖНОЕ
Joint participatio n in project
Participation in results utilization
Consideration of innovative offer
Problem list preparation
Bilateral agreement on cooperation
Innovative offer
Yuzhnoye SDO
University
Problem
Student

Figura 24

Figura 25

O papel da Yuzhnoye SDO neste projeto consiste em apoiar as universidades no desenvolvimento e na introdução de novos módulos de formação, que reflictam as necessidades actuais dos investigadores altamente qualificados, bem como na estabilidade, divulgação e evolução dos resultados do projeto.

No âmbito do projeto TEMPUS, o SDO de Yuzhnoye formulou a sua visão do programa de formação de Doutoramento em Filosofia nas condições actuais. No âmbito do projeto, o livro do SDO de Yuzhnoye "Launch Vehicle Injection Accuracy Analysis Techniques" é publicado como um dos auxiliares de formação. Tendo em conta que o projeto ainda não está concluído, é demasiado cedo para fazer um balanço dos seus resultados. Ao mesmo tempo, é necessário notar que a utilidade do trabalho de colaboração realizado é indubitável, os resultados do projeto foram aplicados a uma nova revisão da Lei do Ensino Superior da Ucrânia.

A participação de Yuzhnoye nos projectos TEMPUS é a continuação natural do trabalho sobre a melhoria da qualidade do ensino da engenharia na Ucrânia e o aumento do nível de formação de especialistas em Yuzhnoye, uma vez que é possível compreender e utilizar a experiência europeia em matéria de ensino, controlo de projectos, gestão da indústria espacial, etc.

O sistema de cooperação entre universidades e empresas industriais permite encontrar linhas de ataque para o problema do pessoal de uma indústria de alta tecnologia como o sector dos foguetões espaciais e contribui para a integração precoce dos licenciados na produção atual, incluindo a execução de grandes projectos espaciais internacionais.

TEMPUS NETCENG Project (2013-2017) "Third-cycle New Model in Engineering Education in accordance with Bologna Process in Belarus, Russia, Ukraine"

Main goal of the project: establishment of new basis for doctorate preparation and implementation in target-oriented universities of pilot programs for doctorate in engineering according to the Bologna process in Ukraine, Belarus and Russia.

Project tasks:

- Develop, implement and accredit new content and educational programs, including the European Credit Transfer and Accumulation System ECTS
- Set up new structured doctor programs in the target area according to labor market requirements
- Bring higher education in HEI to labor market
- Analyze current doctor programs and develop models for new structured doctor programs. Develop and accredit new educational programs
- Create the innovative environment for teaching and learning
- Accommodate offices "Doctor of Engineering at Labor Market (DLM)" in employment assistance to graduates with Degree of Doctor of Engineering
- Control quality and project results distribution

Figura 26 - Objetivo e tarefas do projeto

Referências

1. **Novykov O.V. Experience of high school cooperation with manufacturing enterprise while training rocket and space industry experts *I*** O.V. Novykov, V.I. Perlik, E.O. Dzhur// IAC-53-Texas, 2001.
2. **Novykov O.V. Sistema de ensino espacial contínuo e o seu papel no aumento da eficiência da formação de pessoal de engenharia para a indústria de foguetões espaciais da Ucrânia *I*** O.V. Novykov, V.I. Perlik, M.V. Polyakov, V.V. Khutornyi// "Ata Astronautica", 2008.-P.33-35.
3. **Novykov O. Métodos de análise da precisão da injeção de veículos de lançamento** O. Novykov, V. Tikhonov, V. Livinov//Monograph, VGTY Press TECHNIKA, Vilnius, 2015.
4. **Novykov O.V. Experience and Prospects for Universities and Industrial Enterprises International Cooperation in Aerospace Education Development within the Framework of the European Project TEMPUS,** International Conference "TEMPUS-Ukraine", Kiev, 2013.
5. **Novykov O.V. et al. Conceção, construção de foguetões, naves espaciais e respectivos sistemas. Training Programs** under general editorship of A.V. Degtyarev, Press "Innovation", Dnepropetrovsk, 2014.
6. **Álbum de fotografias "People and Rockets"** sob a direção geral de A.V. Degtyarev, Imprensa "Sophia", Kiev, 2014.

Informações sobre o autor

OLEXANDR NOVYKOV

Licenciado pelo Instituto de Aviação de Moscovo. Diretor-Geral Adjunto da Yuzhnoye SDO. Professor, académico da Academia Internacional de Astronáutica e da Academia Internacional de Engenharia. Trabalhador honorário da Ciência e Tecnologia da Ucrânia.

Índice

I want morebooks!

Buy your books fast and straightforward online - at one of world's fastest growing online book stores! Environmentally sound due to Print-on-Demand technologies.

Buy your books online at
www.morebooks.shop

Compre os seus livros mais rápido e diretamente na internet, em uma das livrarias on-line com o maior crescimento no mundo! Produção que protege o meio ambiente através das tecnologias de impressão sob demanda.

Compre os seus livros on-line em
www.morebooks.shop

info@omniscriptum.com
www.omniscriptum.com

Printed by Books on Demand GmbH, Norderstedt / Germany